JN097822

「電化製品」をリノベーション!

日用家電大改造

はじめに

　なんとなく始めた私の自作系ブログは、いつの間にか14年経ち、記事数は1300本に達しました。

　ブログでは「モノづくり」「モノいじり」全般を題材にしていますが、この本で取り上げるのは、「電気」です。
　実を言うと、私は「電気」に関してはほとんど素人。本やネットで得た知識がすべてです。
　3V〜5V程度なら比較的安全ですが、AC100Vも扱いたくなり、ブログを始めたころに「第二種電気工事士」の資格を取得しました。

　今では電気製品などを使いやすく改造することがライフワークとなっています。

*

　私が自作・改造で心掛けていることは、市販品を上手く活用することです。
　回路をイチから設計する必要はありません。
　中国のショッピングサイトを探せば「電子基板」が＄1程度で買えるし、100円ショップは素材の宝庫です。

　「モノづくり」では「見た目の良さ」も重要です。そのまま店で売れそうなものが出来たときの満足感は格別です。
　また、最近は「3Dプリンタ」を使うことが多くなりました。工作好きなら側に置いておきたい道具の一つです。
　そして「3D-CAD」が自由に扱えるようになれば、アイデアをすぐに形に変換できます。

　さあ、改造ライフを楽しみましょう。

本水　裕次郎

「電化製品」をリノベーション！日用家電大改造

CONTENTS

第**1**部

ラジオの改造

第1部では、古くなった充電式ラジオを改造します。
「使用できるバッテリの種類を増やす」「箱鳴り」を防いで音質を改善する」「USBポートを取り付ける」など、全体的な利便性を向上させています。

完成した「MR100改」

第1章

ラジオの分解と改造構想

なぜか妻がもっている、マキタの現場ラジオ「MR100」。
「もう使わない」と言うので、譲り受けました。
一応問題なく使えるみたいですが、いろいろ弄って遊
ぼうと思います。

1-1　　　　　　MR100

　マキタの各種バッテリで稼働する「AM/FMラジオ」で、12年前の製品です。
　特長は、「防水仕様」で頑丈なことと、マキタの各種バッテリが使い回せること。

マキタの充電式ラジオ「MR100」

＊

　まだ「ワイドFM」も始まっていないころの製品です。

「radiko」が始まってからは電波のラジオを聞かなくなりましたが、防災用として用意しておきたい一品です。

操作パネル(機体前面)

＊

「スピーカー」が両サイドに付いています。

　ガタイがデカイのは、「エンクロージャ」(機械のケース部分のこと)の容積を稼ぐ意味が大きいようです。

両サイドに「スピーカー」

*

　後ろの蓋を開けると、2種類の「バッテリ」が取り付けできるようになっています。

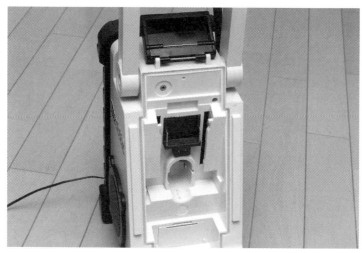

バッテリの取り付け部は機体後部にある

　古い「Ni-Mh」のバッテリがありますが、もう完全に抜けてしまって使えません。

付属のバッテリはもう使えなくなっていた

バッテリは「9.6V〜24V」のものが使えます。

電圧が高ければ長時間使えるということではないみたいで、2.0Ahで11時間、3.0Ahで16時間(最大音量で)使えるそうです(取説p.8より)。

使い方

適応バッテリ及び一充電当たりの使用時間

バッテリ容量	バッテリの種類・電圧					使用時間※(音量最大時)
	9.6V	12V	14.4V	18V	24V	
1.3Ah	9120	—	—	—	—	約7時間
2.0Ah	9122 BH9020B	1222	1422 BH1420	1822	BH2420	約11時間
3.0Ah	9135	1235	1435 BL1430	1835 BL1830	—	約16時間
3.3Ah	BH9033B	BH1233 BH1233C	BH1433	—	BH2433	約17時間

※ 使用時間は参考値です。バッテリの種類や充電状態、使用条件により異なります。

バッテリ容量と使用時間(取り扱い説明書より)

1-2 iPhoneと接続

このラジオは「AUX」が2系統付いているので、「AUX」にスマホをつなげば、音楽や「radiko」を鳴らすことができます。

また、「BTドングル」を付けて、5Vを供給すれば無線でも鳴らせます。

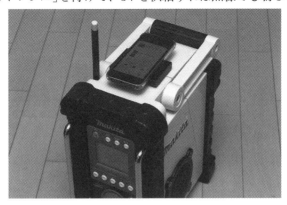

無線でも有線でもスマホと接続可能

　「電源」は、前面の「DC12Vジャック」に「ACアダプタ」をつないで使うことができます。

　「ラクーンコンポ」用に制作した24Vバッテリをつないでみたところ、これも問題なく使えました。

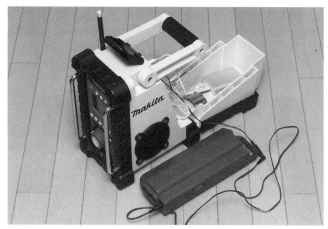

マキタのバッテリ以外でも問題なく使えた

　後ろにある「AUX2」のジャックに「BTドングル」をつなぎ、「モバイルバッテリ」で5Vを供給。

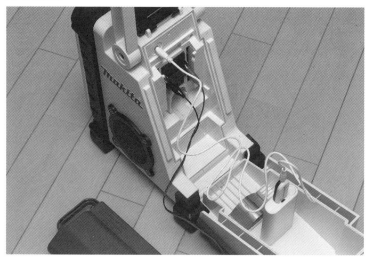

「モバイルバッテリ」から5Vを供給

メイン電源は「スライド式バッテリ用端子」から24V (22.2V) を供給します。

「スライド式バッテリ用端子」から24V (22.2V)を供給

1-3 分解

■スピーカー部の取り外し

スピーカーは、「カバー」と「固定ボルト」を外せば取り出せます。

けっこうマグネットの大きい、しっかりしたスピーカーです。

「スピーカー」を取り外す

■ケースを開く

　前面の「六角穴付きボルト4本」と、後ろ側のネジ2本を抜くと、ケースを開けることができます。

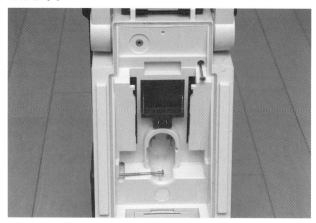

背面のネジを抜いた様子

　中はこんな感じ。

前面の操作パネル部の中身

余裕の基板サイズです。

操作パネル部の基板

前面の「DCジャック」と「AUX1」の基板です。
コネクタはバッテリにつながっています。

「DCジャック」と「AUX1」の基板

1-4 改造計画

「MR100」は、いいスピーカーが入っているのに、「箱鳴り」しているのか音が籠もって抜けが悪い感じです。

とりあえずはエンクロージャ内に「フェルト」や「綿」を詰めて、引き締まった良い音を目指します。

*

バッテリは「18650」を3本挿して使えるようにしたいですね。

それから、DC降圧で5Vを作り、Bluetoothでスマホを接続できるようにします。

あとは外装の塗装です。

*

まとめると以下のようになります。

・「ハウジング」(機体のケース部分)に吸音材を詰める
・「18650」で駆動させる(ぎっしり詰めてモバイル電源とするのも良さそう)
・DC/DCコンバータで5Vを取り出す(USBポートも付ける予定)
・BTドングルで、「BTスピーカー」や「アンプ」として使えるようにする
・「ハウジング」を「アーバンカモフラージュ塗装」する(次図参照)

アーバンカモフラージュ塗装

第2章

ラジオのボディ作成

マキタの充電式ラジオ「MR100」の改造についてです。
本章では、「ボディの作成」に絞って書いています。

2-1　　バッテリ収納部の作成

「MR100」はマキタの各種バッテリが使い回せるのが"売り"ですが、私はマキタのバッテリ工具をもっていません。

そこで、汎用性の高い「18650」×3本（12V）が使えるようにします。

＊

マキタバッテリに特化した収納部の形を、「18650」用に改造します。

この部分のカバーを「Rhinoceros」(CAD)でモデリングし、3Dプリンタで作ります。

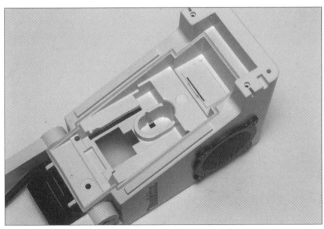

3Dプリンタでカバーを作成

「CURA」から「ABS」で出力。最初は一体型で作ろうとしたのですが……

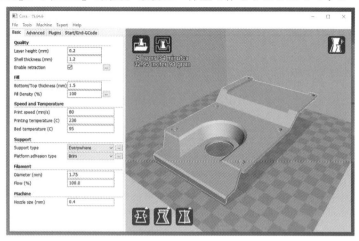

「ABS」で出力

だんだん反ってきたので、途中でキャンセル。
時間とフィラメントの無駄使いでした。

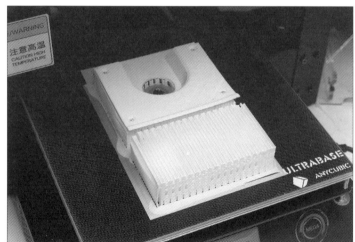

反ってきたのでキャンセル

「ABS」は、「反り」との戦いです。次の写真は全部失敗作です。

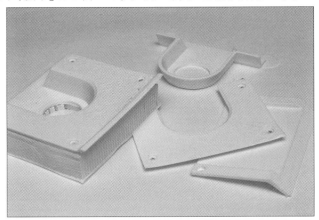

試行錯誤する中で生まれた失敗作たち

*

モデル上に「t0.2」のディスクを付けて作り直しました。
収縮に対して、張り付いて踏ん張ります。

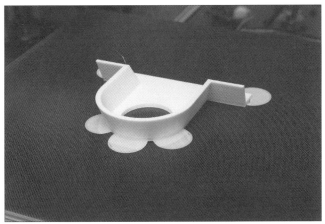

ディスクを付けて作り直し

板物なら、割ときれいに出来ます。

これを接着したほうが、早くてきれいで無駄がありません。

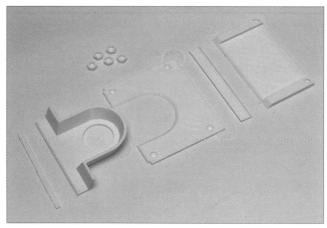

板物を接着してカバーを作る

「二塩化メチレン」で接着して出来た、バッテリ収納部のカバー(裏側)です。

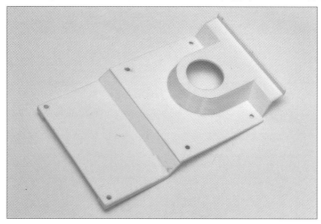

カバー(裏側)

このカバーを上に乗せて、ネジ止め用の穴を6ヶ所開けました。

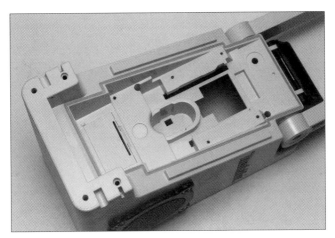

ネジ止め用の穴を開ける

これをM3のネジで固定します。
円穴には市販の「USBチャージャー」が付く予定です。

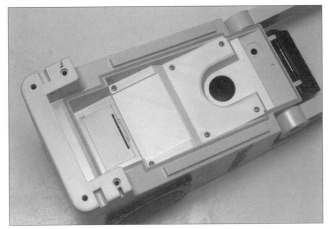

市販の「USBチャージャー」を付ける予定

裏側にはナットの「回り止め」を接着しているので、ネジ締めが簡単です。

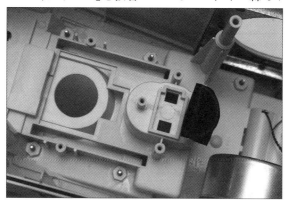

ナットの「回り止め」付き

2-2　アーバンカモフラージュ塗装

防水仕様で頑丈な「MR100」を、迷彩塗装でもっとハードなイメージに。

「アーバンカモフラージュ」と「冬季迷彩」の違いがイマイチよく分かっていないのですが、グレイッシュな迷彩にしたいと思います。

＊

「100均」のアクリル絵の具(≒リキテックス／ガッシュ)を調色し、筆塗りします。白・黒・赤・黄を混ぜて色を作ります。

色を作る

黒いガードやハンドルを外してから、色がまばらになるように置いていきます。

＊

塗り終わったものが**次図**です。白い部分は樹脂の地色ですが、紫外線で少し黄変しているので、ちょうどいい感じになりました。

アーバンカモフラージュ塗装したケース

2-3　受信周波数変更操作

「MR100」のFMラジオは、「76.0〜90.0MHz」（＋アナログTVの1〜3ch）が受信できますが、これを裏操作で「108.0MHz」まで拡張して、ワイドFMが聞けるようになりました。

＊

以下のURLから操作手順の動画を確認できます。

```
https://www.youtube.com/watch?v=SpJ6VSe4jTg
```

第**3**章

ラジオの「音質改善」と「電気配線」

**外装が出来たので、電気的な部分の改造と、「箱鳴り」
していた「エンクロージャー」の音質改善を行ないました。**

3-1　　　　　スピーカーの音質改善

　薄い樹脂製のボディが共鳴して音が濁っている感じなので、「吸音材」を入れることにしました。

　「エンクロージャー」の内部に「フェルト」を貼り付け、引き締まった音を目指します。

＊

「フェルト」はマットレスに入っていた厚めのもの。

　幅広の両面テープで貼り付けました。

筐体内部に「フェルト」を貼り付ける

　できるだけ全面に貼り付けます。

　これでも足りないようなら、Seriaの「ポリエステル綿」を追加します。

「箱鳴り」防止処置が完了

3-2 「AliExpress」で部品購入

「AliExpress」で買った「USB5V電源(チャージャー)」が届きました。
マリン用やモーターサイクル用など、いろいろな製品があります。

「スイッチ付き」のもの、「電圧計付き」のものなど、数点買ってみました。

「スイッチ付き」だと、「MR100」のメインスイッチと連動しなくてもいいので、
配線が簡単です。

購入した「USB5V電源(チャージャー)」

　次図の製品は、「バッテリの電圧」が分かります。買った製品の中ではこれが
いちばん良いかな。

　その後、スイッチが上に付いたタイプ（こちらのほうが使いやすそう）を見つ
けたので、追加発注しました。

バッテリの電圧が分かる製品を使用

＊

　「12Vバッテリ」は、既製品のほか電池ボックスにセル3本単体で使うことも
可能です。

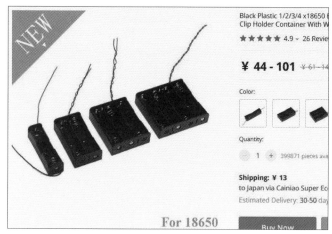

プラスチック製収納ボックス

容量の大きい「3S3P」のタイプも購入しました。これも収納可能です。

プラスチック製収納ボックス(3S3Pタイプ)

*

「バッテリ電源」の接続は、5.5×2.1の「DCプラグ/ジャック」を使います。

マル信の「パネル取付タイプ」は最大「0.5A」ですが、金属製の「DC099」は「5A」までOKです。

DCプラグ/ジャック(5.5×2.1)

3-3 電源などの配線

　前面のパネルから「DC12V」が取れるようにして、本体側にはバッテリ接続用の「DCジャック」「USBチャージャー(5V電源)」「シガーソケット(12V電源)」などを取り付け、接続します。

　コードは、左から「アンテナ線」「スピーカー線」、そして新規に「12V出力線(ヒューズBOX付)」です。

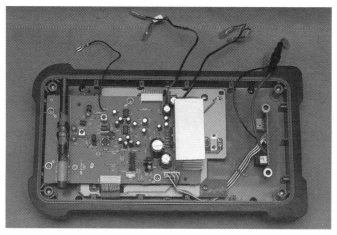

左から「アンテナ線」「スピーカー線」「12V出力線(ヒューズBOX付)」

　「バッテリ」と「ACアダプタ」のどちらを使っていても12Vが取れるようにしました。

「バッテリ」でも「ACアダプタ」でも12Vが取れる

　DC12Vを「3系統」(USB降圧5V、USB降圧5V、シガーソケット12V)に振り分けます。

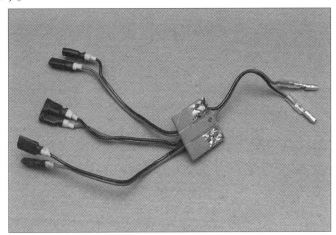

3系統に分けるための部品(自作)

　バッテリ収納部に「DCジャック」と「USBチャージャー」を付けました。

　「USBチャージャー」に市販の「Bluetoothドングル」を付ければ、スマホの音源を鳴らすことができます。

スマホの音源が流せるようになった

　「バッテリ」は、「18650」を3本使ったタイプ(図の左後、右後)などが使えます。

「18650」を3本使ったバッテリ

　右側面には「電圧計付きUSBチャージャー」。
「バッテリ残量」は電圧で管理します。

USBチャージャーに電圧が表示される

＊

　すべてのコネクタを接続し、「前面パネル」と「バッテリ部カバー」を取り付ければ、完成です。

パネルとカバーを取り付ける

側面に付けた「シガーソケット」から「DC12V」が取れるようになりました。

「シガーソケット」から「DC12V」が取れる

第4章

ラジオの完成

ついに、マキタ充電式ラジオ「MR100改」が完成しました。

「li-ion18650」×3本で駆動し、「USB電源追加」「スマホからの音楽再生」「音質改善」などを施しています。

4-1　改造内容のまとめ

■バッテリ収納部

　もともと2種類の「マキタ純正バッテリ」が接続できる形でしたが、これをやめて、5.5×2.1の「DCプラグ」で「汎用バッテリ」を接続し、収納部内で「USB5V」が取れるようにしました。

純正バッテリは廃止

「3Dプリンタ」でフタを作成。

「電源」は「18650」×3本12Vのほか、「3S3P」(9本)の大容量バッテリも使えます。
「3Dプリンタ」でフタを作成し、スッキリした形になりました。

「汎用バッテリ」が使えるように変更し、「大容量バッテリ」も使用可能になった

3Dプリントでは失敗が続きましたが、「板状に出力+接着」で上手くいきました。
*
バッテリは「5.5×2.1DCプラグケーブル」でつなぎます。
「BTレシーバ」は、USBから5V電源を取って、3.5mmミニプラグで「AUX2」
に接続すれば、スマホから受信した音が鳴らせます。

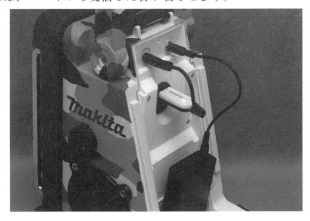

「BTレシーバ」も使用可能

■アーバンカモフラージュ塗装

もともとは、マキタカラーではないほうの、白い「MR100」です。

日焼けした白い塗装

これをグレイッシュな迷彩("冬季迷彩"と言うのかも？)にしました。

グレーを基調とした"迷彩柄"に塗り直した

アクリル絵の具を調色して、筆塗りです。
わりとイイ感じに出来ました。

■吸音材で音質改善

　スピーカーが「箱鳴り」している感じだったので、「エンクロージャ」の内部に吸音材として、マットレスに入っていた厚めのフェルトを貼り付けました。

＊

　もともとはプラスチックの軽薄な「エンクロージャ」なので、響きすぎたのか、締まりのない音でした。

音が響きすぎる「エンクロージャ」

　コレが入ることで、だいぶ音が引き締まったと思います。

吸音材を貼って、音質を改善

■電気的な工作

　汎用バッテリをつなぐための「DCジャック」、市販の「USBチャージャー」、「シガーソケット」などを本体ハウジングに取り付け、「MR100」の基板と接続しました。

　これは基板から12Vを取り出して市販のUSB充電器/シガーソケットにつなぐための自作部品です。

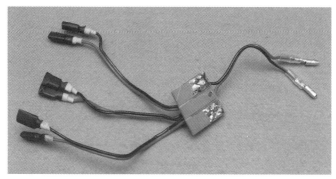

接続用の部品（自作）

＊

各コネクタを接続し、前面パネルを取り付け。

最後に、バッテリ収納部のカバーを6本のネジで固定すれば、完成です。

カバーの取り付け

左側面の「シガーソケット」から12V電源が取れます。

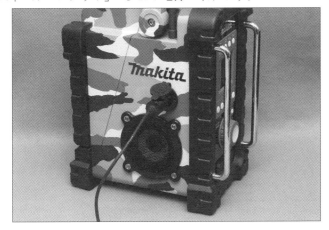

12V電源が取れる

右側面には電圧計付きUSB5V電源。
専用ACアダプタ(トランス式)を使うと、電圧高めです。

電圧計付きUSB5V電源を搭載

4-2 完成した「MR100改」

　主な使い道はスマホをリモコンのようにして、音楽や「radiko」を鳴らすことです。

　スマホを無線でつなぐときは、バッテリ部を開けて、USBのスイッチを入れる必要があります。

改造が完了した充電式ラジオ「MR100改」

　本当は正面の「電源スイッチ」と連動して「Bluetooth」を「ON/OFF」できればいいのですが、メイン基板上に(12Vが取れる)つなぐ場所があるのかどうかにかかっています。

　この部分は次の課題ですね(満足度:90)。

第2部

「換気扇」の改造

第2部では「照明付き換気扇」を改造して、壊れた「ファン」を取り換え、「照明」を全自動で「ON/OFF」する機能を追加します。

第**5**章

照明換気扇「あかりファン」の改造

ウチのトイレには、「照明」と「換気扇」が一体となった「あ
かりファン」が付いています。

「灯り」には問題はないのですが、「ファン」は10年ほ
ど前から動かなくなっています。

本章では、これを弄ります。

5-1　　　　　製品詳細の調査

25年選手なので、樹脂の日焼けがひどいです。

カバーが紫外線で黄変してしまっている

＊

まずはカバーを外して、品番などを調査。
ファンが入手可能なら、新品に交換しようと思います。

次図は「カバー」「LED電球」「反射板」を外したところです。

カバーなどを取った様子

「照明」と「換気扇」は壁スイッチで「ON/OFF」するのですが、ドアにもスイッチがつながっています。

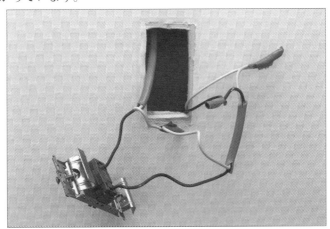

壁側のスイッチ

　ドアのこの部分(**次図**参照)にもスイッチが付いています。
　これの意味が未だによく分からないのですが、ドアをゆっくり閉めると動作せず、勢い良く閉めるとスイッチが切れ(開き)ます。

ドア側のスイッチ

「E17ソケット」の右には「明るさセンサ」。
「ACファン」は、120×25の「アルミダイカスト製」です。

品番などを確認

機種名は「あかりファン」で、型番は「MSL00194」。松下系の製品です。

あかりファン(MSL00194)

　基板の回路は、スイッチを切って10分後にファンを止めるためのものでしょう。

　電源線と壁スイッチの線が、端子台と基板を通して「照明」と「ファン」につながっています。

右端のカバーの中には基板

ファンの仕様は、「P12BL10-T, 100VAC, 50/60Hz, 9/8W」です。

ファン裏面に仕様が印字されている

*

ツマミを引くと、換気口のフタが閉じるようになっています。

ツマミで換気口のフタを開閉する

銘板に書いてあった「MSL00194」で検索すると、取説の一部が見つかりました。

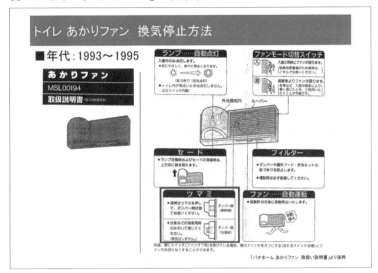

「あかりファン」取り扱い説明書(出典:https://homes.panasonic.com/company/news/
important/2011/pdf/disaster-recovery06.pdf)

＊

　この資料によると、初代「あかりファン」は1989年に発売され、現行品は
2006年から販売されているようです。

　歴代の型番は下記の通り。

(RR-49070, MSL00194, MSL00760, MSL02405, MSL02866,
MSL05879, MSL06175)

5-2　　　　かってにスイッチ

　たぶん、ファンを交換すれば動作するようになると思います。これがいちばん簡単です。

　「あかりファン」の最新型に交換することも考えたのですが、入手性が悪いし、一般的な製品よりも3倍高価です。

　また、私の家族はしっかりスイッチを切らないので、一晩中明かりが点いていることがしばしばあります。

　そのたびに"イラッ"とするので、全自動で「ON/OFF」するようにしましょう。

　パナソニックの「**かってにスイッチ**」を設置すると、「照明」と「ファン」をセンサで制御してくれます。

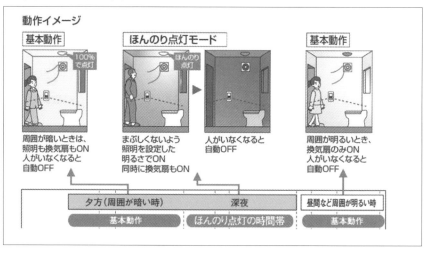

「かってにスイッチ」の動作イメージ
（出典　Panasonic 住宅用配線器具カタログ　P.217より）

＊

最新の「WTK12749W」を買いました。
「照明」や「ファン」の細かい設定ができるのがイイですね。

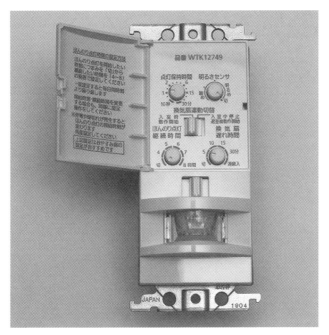

「かってにスイッチ」(WTK12749W)

　これを壁に付いている「片切スイッチ」と交換します。

　「あかりファン」は外装パーツをそのまま活かしつつ、「照明」と「換気扇」は基板を通さずに直接「かってにスイッチ」につなぐ形に改造します。

5-3　ACファン購入

　交換できそうなファンは、「パナソニック」「山洋電気」「オムロン」が見つかりました。

　その中から選んだのは、「低回転型」で、「低騒音」かつ「低消費電力」なオムロンの製品です。

　「OMRON R87F-A1A13LP」と、コネクタ付平行コード「R87F-PCJT」。

OMRON R87F-A1A13LP（下）とR87F-PCJT（上）

　「50Hz」で「12W」。

　以前のファンは「9W」ですが、見つけた現行品の中ではこの「12W」が最小です。

「OMRON R87F-A1A13LP」の仕様

コネクタは「#110」相当です。

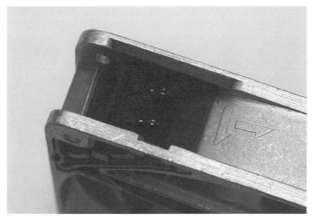

「OMRON R87F-A1A13LP」のコネクタ

もともと付いていた壊れたファンと比較すると、**次図**のようになります。

「OMRON R87F-A1A13LP」(左)と、もともと付いていたファン(右)の比較

5-4　仮の照明設置

いったん「あかりファン」を取り外して、「配線のやり直し」や、「外装の塗装」
などの改造をします。

そこで、「あかりファン」を取り外している数日間に「照明」が使えるように、「仮
の配線」をすることにしました。

＊

買ってきた「グロー球用E17ソケット」(250円)と、「6P端子台」(259円)。

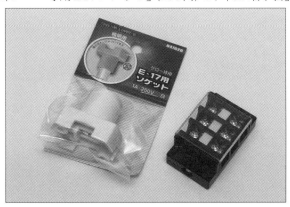

「グロー球用E17ソケット」(左)、「6P端子台」(右)

この二つを杉板に取り付けて、接続完了。

杉板に仮照明を取り付け

仮の照明の動作はOKです。
もともとファンは回っていなかったので、これで充分でしょう。

動作はOK

＊

「あかりファン」の改造と取り付けについては、**次章**で紹介します。

第6章

「あかりファン」の組み立て

「あかりファン」を改造し、全自動で「照明」と「換気扇」
が動作するようになりました。

6-1　　　　　　　　分解と組み立て

改造前の「あかりファン」です。

「ACファン」は焼けてしまったのか、直接100Vを加えても"ピクリ"とも動
きません。
　まずはコレを壁から取り外し、バラバラにして掃除したいと思います。

改造前の「あかりファン」

カバーを外した状態。
前章では、これを壁から取り外した後、「仮の照明」を取り付けました。

カバーを外した「あかりファン」

すべてのパーツを取り外し、洗剤で洗って、きれいになった「ベース」です。

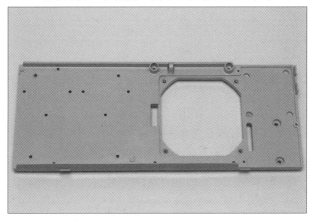

洗浄した「ベース」

照明部分を分解して清掃しました。
「ソフト点灯」と「明るさセンサ」の基板はそのまま付けています。

清掃した照明部分

「E17ソケット」はコードを切断して、「平行コード」をつなぎました。

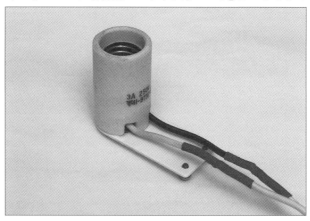

ソケットは「平行コード」に接続し直す

照明器具の組み立ては、これで完了です。

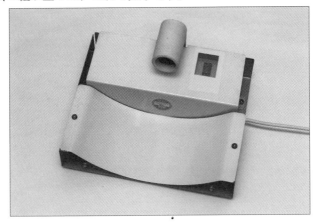

組み立てた照明部分

*

新しく買ったオムロンの「低速型ACファン」も取り付けました。

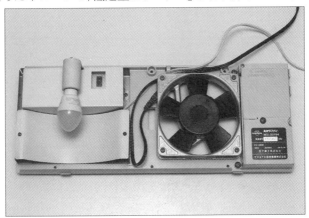

「低速型ACファン」を取り付け

「端子台」をそのまま流用します。

「かってにスイッチ」との配線には、「端子台」を流用

*

次図のように配線しました。

スイッチは2線式の「かってにスイッチ」(WTK12749W) です。

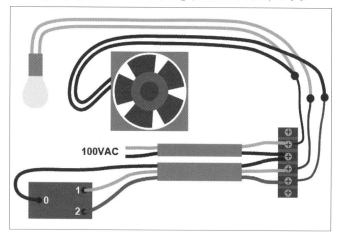

100VAC

ACファン配線図

6-2　　　　　　　　塗　装

　日焼けで黄変した「樹脂カバー」は、缶スプレーで白く塗装することにしました。

　シールを「ソルベント」で剥がし、台所洗剤で洗います。

洗浄したカバー

　「ホワイトプラサフ」を吹きつけてから、198円の「アクリルスプレー（白）」で塗装。

塗装したカバー

表面に出るパーツも、同様に塗装します。

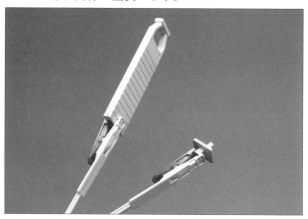

他のパーツも白く塗装

6-3 　　　施　工

　天井点検口に半身を入れて、壁スイッチにつながった「VVF-2C」を、「VVF-3C」に交換します。

*

　2本の先に「あかりファン」があります。

　壁スイッチの線のほうに、「VVF-3C」をビニルテープでつなぎます。

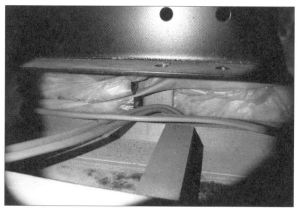

写真左から伸びる2本の線の先に「あかりファン」がある

　壁スイッチ側から「VVF」を引っ張って通し、「かってにスイッチ」の接続が
完了。

「かってにスイッチ」と接続

　「VVF-2C」の電源線のほうは「100V」が来ているので、ビニルテープで絶縁
しておきます。

「VVF-2C」の電源線は絶縁しておく

　「あかりファン(改)」を壁に取り付け、電源線と壁スイッチ線の接続が完了。

配線完了

動作確認OKです。

しかし、カバーがファンのコネクタ部分に当たって、閉まりません。

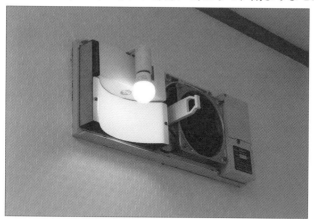

カバーが閉まらない

　そこで、カバー内側のペン書きした所を「ミニルータ」で切り取ることにしました。

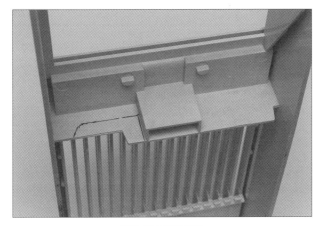

下書きして切り取り

カバーを付けて、完成です。

完成した「あかりファン(改)」

最後に調光器対応の「LED電球」を取り付けました。
「ソフト点灯」「ほんのり点灯」など、イイ感じです。

「照明」は調節できる

*

　「センサの感度」や「動作時間」などを設定すれば、あとは一切スイッチに触れることはなく、全自動です。

　トイレに人が入ると灯りが点き、換気扇が回ります。
　出ると灯りが消え、設定した時間(5分〜30分)に換気扇が切れます。
　これは便利！(満足度：90)

スイッチに触れずに「ON/OFF」ができるようになった

第3部

「オーディオ機器」の改造

第3部で改造するのは、「スピーカー」や「ミニアンプ」といった「オーディオ機器」です。

「バッテリの大容量化」「マイクロUSBの増設」「Bluetoothレシーバーの強化」などで、より使いやすくする改造を施しています。

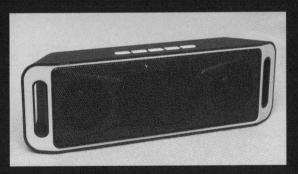

Bluetoothスピーカー

第 **7** 章

「Bluetoothスピーカー」の改造

980円で買った「Bluetoothスピーカー」の「バッテリ
容量」と「音質」をアップさせるべく、強化改造しました。

7-1　　　　　　　「BTスピーカー」の分解

平野商会の「HRN-503」というモデル。

スマホの音楽やラジオが手軽にステレオで鳴らせます。

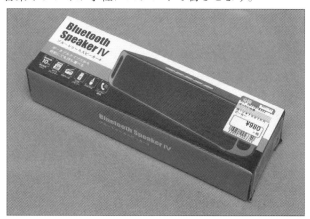

HRN-503（平野商会）

*

　どこから外せばいいのか分かりにくいですが、ネジは前面の「サランネット」
（パンチングメタル）の後ろに隠れています。

「パンチングメタル」(前面の黒い網の部分)の後ろにネジがある

「パンチングメタル」の穴に、針のようなものを引っ掛けて外しました。

＊

確認してみると、「パッシブラジエータ」が付く仕様になっています。

くり抜いて、70×40の製品を買えばポン付けできそうです。

真ん中のくぼみに「パッシブラジエータ」が付く

小さいスピーカーですが、しっかりしたマグネットが付いています。

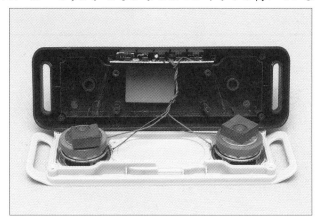

スピーカーのサイズのわりに立派なマグネット

　スピーカーはバッフル板の爪で留まっているだけなので、簡単に取り外しが可能です。
　「Li-poバッテリ」は両面テープで貼り付けてあります。
　コードを切断し、これも剥がして除去します。

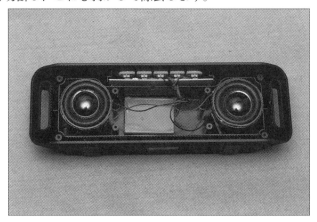

スピーカーと「Li-poバッテリ」を取り外す

7-2 「18650」で大容量化

もともと内蔵されている「Li-poバッテリ」は300mAで、1時間鳴らせます。

これを2000mAの中古「18650」に交換します。
計算上では再生時間が6時間以上に伸びるはずです。

*

ポータブルスポット溶接機で「18650」にタブを付けて、内蔵します。

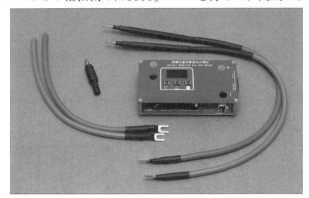

ポータブルスポット溶接機

　しかし、その前にセルのタブ溶接跡を削って平らにし、溶接の付きを良くしましょう。
　写真左がタブを剥ぎ取って、セル単体で使っていた「18650」。右がミニルータで削った状態です。

中古の「18650」
ミニルータで削る前(左)、削った後(右)

0.12mmのタブがガッチリ付きました。(パワーレベル:60Eで溶接)

タブを溶接

コードをハンダ付けしてつなぎ合わせ、タブをビニルテープで絶縁。
そのあと、強力両面テープでケースに貼り付けました。

これで18650化完了です。

バッテリ容量の強化は完了

7-3 　　　　　「吸音材」を詰める

スポンジや綿などの「吸音材」を詰めて、音の分解能を高めようと考えました。
使うのは数年前にSeriaで買った「ECOPET」です。

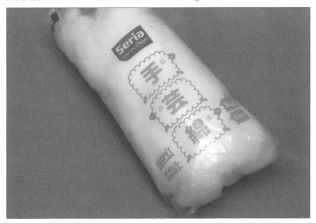

ECOPET

　ケースの内側背面には厚さ5mm程度のスポンジをはめ込み、周りの空間に
綿を詰めました。

スポンジと綿を「吸音材」として詰める

これだけで、なんとなく高級品になったような感じがしてきましたよ。

7-4 パッシブラジエータ

「AliExpress」で、サイズの合う「70×40」の製品が見つかりました。
2枚セットが送料込み250円ほどです。

中心のトラック楕円部分は鉄板で、エッジはゴム製です。
発注から22日後に届きました。

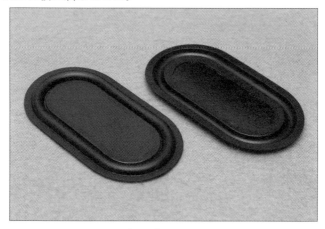

パッシブラジエータ

　筐体を確認すると、中心部をくり抜き、表から「パッシブラジエータ」を貼り
付ければよさそうです。

中央のくぼみに「パッシブラジエータ」を貼り付ける

　そこで、内側の段差に「Pカッター」を滑らせて、トラック楕円形にくり抜きました。

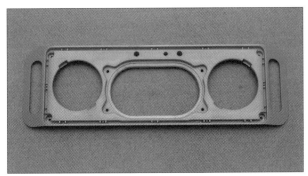

中心部をくり抜いた様子

　筐体と「パッシブラジエータ」の両方に接着剤(セメダインスーパーX)を塗って、半乾き状態で貼り付けます。

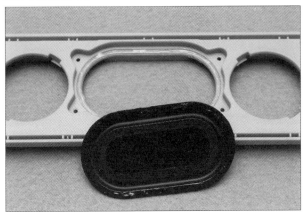

接着剤で貼り付け

裏側はこんな感じ。

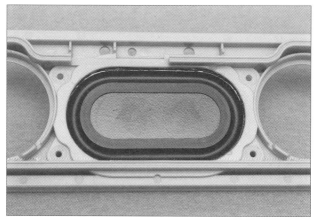

裏から見た様子

ネジを締め込み、動作チェック。

動作確認は OK

黒紙は挟まずに、「パンチングメタル」をはめました。
薄っすらと中が見えるほうがイイですね。

完成

7-5　充電は上手くいく

「パッシブラジエータ」を取り付けることで音質が変わったかというと、音は
ほとんど変わりません。

たぶん、大した効果がないから量産では付けないことにしたのでしょう。

「吸音材」の効果も「？？」です。

ですが、気分的には取り付けて満足感を得られました。安いですし。

＊

バッテリを「18650」に変えて、充電が上手くいくのかが心配でしたが、一応、
充電はされているようです。

もともと満充電で勝手に止まる仕様の製品ではないので、何時間でUSBケー
ブルを抜けばいいのか分かりません（6倍とすると9時間）。

＊

音質は、まぁアレですが、充分改造を楽しめました（満足度：90）。

第**8**章

手作りマイクロコンポの改造

5年前に作った「青歯マイクロコンポ」を手直しして、より使いやすいものに作り変えました。
DC5V（2.7V～）電源で動く「Bluetoothミニアンプ」です。

8-1　　　　　　　　コンセプト

　5年前に作ったのは、市販の「BTレシーバ」の下に組み合わせて使う、「デジタルアンプ」でした。

　この市販「BTレシーバ」のバージョンは「2.1」と古く、音質や無線機能は良くありません。

5年前に作った「青歯マイクロコンポ」

　アンプは150円程度で買える「**PAM8403**」。安いわりに音の良いアンプです。

5年前はアンプのみ内蔵していましたが、両脇に隙間があるので、今回はここに基板を収めます。

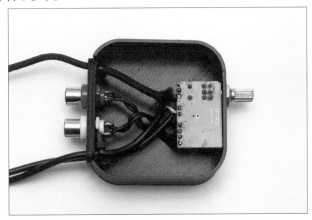

空きスペースに基板を追加する

*

「BTドングル基板」と、「電圧色表示基板」を内蔵し、電源入力を「MicroUSBジャック」に変更します。

ケースと上蓋は以前のものをそのまま流用し、新たに「バックパネル」と「MicroUSB基板」を固定するパーツを「3Dプリンタ」で作ります。

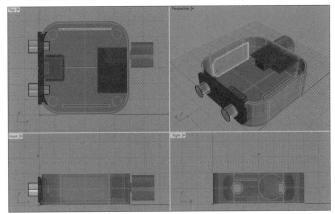

追加のパーツを「3Dプリンタ」で作成

8-2　基板作り

「BT4.0モジュール基板」は、以前に「BTドングル」から取り外した動作品。
「MicroUSB基板」は、以前amazonで買った10枚組のものです。

「BT4.0モジュール基板」(上)と「MicroUSB基板」(下)

「電池残量色表示基板」は、新たに作ります。
「生基板」に図面を貼って孔を開け、カッターで傷を付けてから、Pカッター
で彫り込みます。

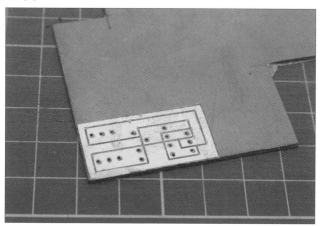

「電池残量色表示基板」は生基板から作る

次図の部品は左から、「Φ3赤青LED」「240Ω抵抗」「2SA1015GR」「200kΩ半固定抵抗」です（基板は除く）。

> ※詳細は以下のURLを参照。
> https://jibundeyarou.com/vcmeter/

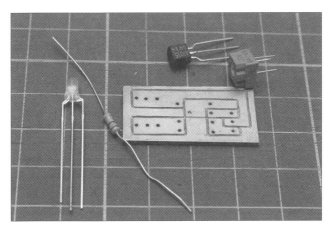

基板と接続するパーツ

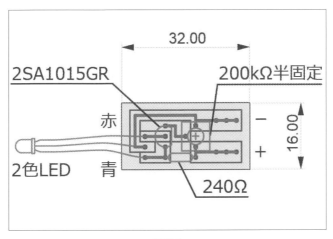

配線図

各パーツにコードをハンダ付けして、配線完了です。
今後の配線見本として写真を撮っておきました。

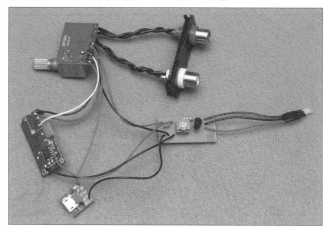

実際に配線した様子

動作確認も OK です。

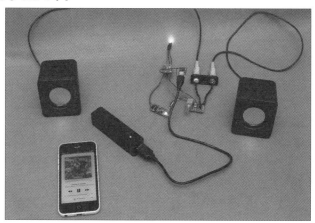

動作は OK

3Dプリント

プリントするパーツは2つです。

まずは、「バックパネル」から。収縮分0.7%拡大してから、「ABS」でプリントします。

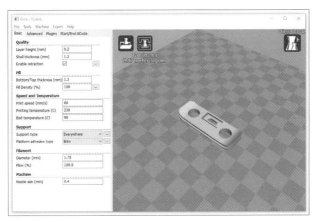

「バックパネル」の固定パーツ

Micro USB基板を固定するパーツです。

この上に基板を両面テープで貼り付けます。

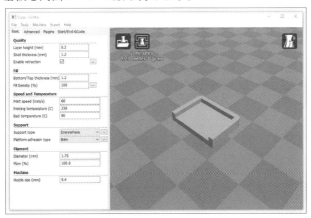

「MicroUSB基板」の固定パーツ

左は12分、右は2分でプリントが完了しました。

左は「バックパネル」の、右は「MicroUSB基板」の固定パーツ

8-4 組み立て

LEDのΦ3穴を追加工したあと、部品をケースに収めます。

両脇の基板はt0.9の両面テープで貼り付け、「MicroUSB基板固定パーツ」は接着剤で固定します。

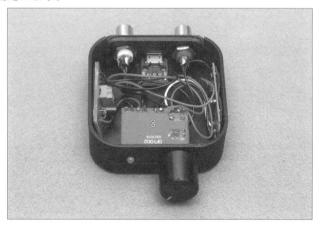

ケースにパーツと基板を取り付ける

「MicroUSBプラグ」が挿さる穴をヤスリで調整します。

穴の形やサイズを調整

上蓋をはめたら、完成です。

完成

　コンパクトなBTアンプ「青歯マイクロアンプ」が完成しました(満足度：90)。

改良した「青歯マイクロアンプ」

＊

次章ではコレの上に乗せる「専用電池ボックス」を作ります。

第**9**章

マイクロコンポのバッテリユニットの追加

前章の「青歯マイクロアンプ」に乗せる「バッテリBOX」
を作りました。
　狙いは、生の「Li-ion電池」（リチウムイオン電池）を使
うことで、電源からくる「ノイズ」を減らすことです。

9-1　　　　　　　　　　設計

　先に作った「青歯マイクロアンプ」の上に乗せるため、外形はそれとまったく
同じです。

　ここに収まる電池は「18500」が最大ですが、私は「18350」ももっているので、
コレも使えるようにしたいと思います。

*

電池接点はタカチの単3用（IT-3SP/IT-3SM）を利用します。

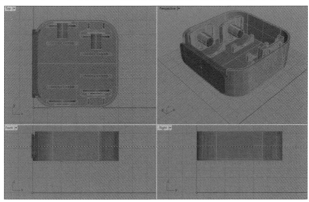

IT-3SP/IT-3SM（タカチ）

基本的には、どちらか一方にバッテリを挿して使います。
コンポとして重ねて使うイメージです。

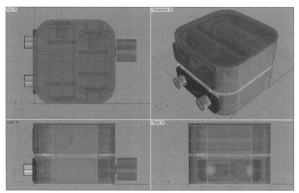

前章のアンプと重ねて使う

9-2 3Dプリント

まずは「ケース本体」からプリントします。

＊

フィラメントは「ABS」。Cura上で収縮分0.7％拡大します。

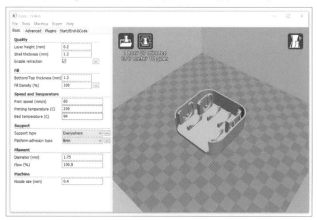

「ケース本体」をプリント

1時間半でプリント完了。

ケース本体

＊

続いて「バックパネル」です。

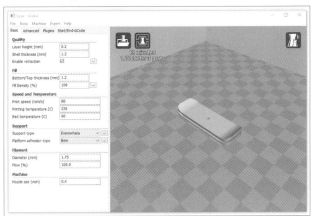

「バックパネル」をプリント

薄物なので、ベッドの温度を少し下げて90℃にしました。
13分程度で出来上がりです。

バックパネル

最後は「上蓋」です。設定は変更なし。

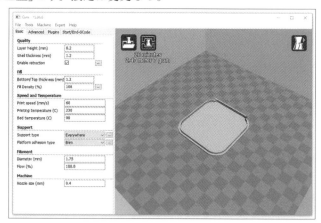

「上蓋」をプリント

約26分で出来上がりました。

上蓋

9-3　　　　組み立て

　「バックパネル」の穴に2芯の「MicroUSBケーブル」を通し、抜け止めに結束
バンドで締め付けます。

　電池接点のハンダ部を折り曲げて、コードを「送り」でハンダ付けします。
　そして、電池接点と、「バックパネル」を上から差し込みます。

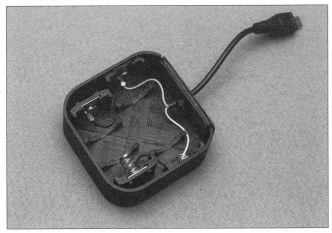

コードをハンダ付けして、パーツを差し込む

裏にはΦ6（内径6㎜）で打ち抜いた「ゴム足」を貼ります。

「ゴム足」を貼る

9-4　使い方

　「MicroUSBケーブル」を「BTアンプユニット」の電源入力ジャックに差し込んで、上に乗せます。

　「Li-ion18500」をはめて3.7Vを供給します。

「Li-ion18500」をケースに設置

「18350」の場合は次図のようにはめます。
「スイッチ付きボリューム」を回すと、起動します。

「18350」の場合

＊

モニタの下に置いてみました。
右は10数年使っている「鎌ベイアンプ」です。

実際に設置した様子

スマホの音源を鳴らすときはコレを使おうかと思います。

＊

LEDが「赤」になったら電池の交換時期です。

電圧が少なくなるとLEDが「赤」に変わる

　「18500」(1400mAh)の場合は、約13時間30分でLEDが「赤」に変わりました。

　「18350」(750mAh)だと、約6時間45分でLEDが「赤」に変わりました。

＊

　市場から消えてしまった「コンポ」スタイルなのが売りです。

　でも最初から「18650」が入るように大きく設計したほうが良かったような気もします(満足度：80)。

第4部

「電子タバコ」の改造

第4部では、「使い捨て電子タバコ」の電池を充電して、再利用できるようにする改造を施します。

また、電池を充電するためのアダプタも作ります。

再利用できるようになった「使い捨て電子タバコ」

第10章

寿命の「使い捨て電子タバコ」を充電

「使い捨て（使い切り）電子タバコ」は500回ほど吸うと、
先端のLEDが点滅して寿命となります。

ただし、これは「バッテリが空になった」というだけで、
充電すれば再生できるはずです。

そこで、内蔵バッテリ「08570」の⊕極と⊖極を露出
させて、充電できるようにしました。

10-1　穴あけ改造

数年前に「使い捨て電子タバコ」を分解したので、中がどうなっているのかは
だいたい分かっています。

先端の「LED」と「スイッチ」の横（後ろ）に電池が入っているはず。
電池は先端側がマイナスです。

以前「使い捨て電子タバコ」を分解した際の写真
マイナスは先端側。

　電池の両極の位置を予想して、筒に穴を開けることにしました。

　ミニルータに砥石を付けて、切り込みを入れます。電池を切らないように細心の注意を払いましょう。

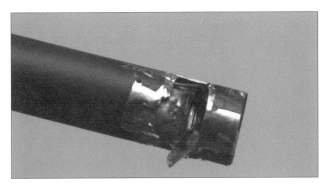

切り開いた「使い捨て電子タバコ」
電池の端が露出している。

　少し切り込みが入ったら、ニッパーでめくって切り取ります。
反対側も同様です。

　ちょっと予想が外れて外側に穴を開けてしまいましたが、テープで塞げば大丈夫です。

穴はテープで塞げば問題ない

＊

「カプトンテープ」をめくって、電池の接点を露出させます。
充電しやすいように、コードをハンダ付けしました。

コードをハンダ付けした電池

電圧を測ると、「3.2V」ありました（でもニクロム線には電流が流れません。）

電圧を測定

＊

コードの色が⊕と⊖で逆になっていましたが、やり直すのも大変なので、これで良しとしましょう。

10-2　充電再生

「汎用充電器用アダプタ」(**次章**で作成)を使って充電します。

＊

充電開始時の電圧は「3.62V」。

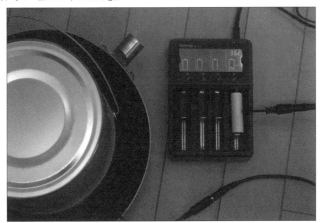

充電開始時の電圧

充電電流は「504mA」です。

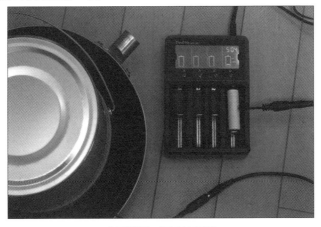

充電開始時の電圧充電電流

45分程度で満充電になりました。

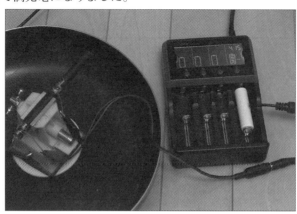

充電完了

満充電時の電圧は「4.15V」です。

テスターで直に電圧を測ってみると、「4.06V」でした。

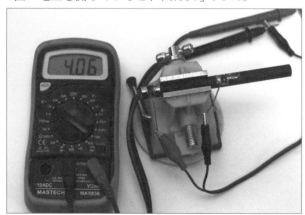

満充電時の電圧

10-3　　　　　　穴を塞ぐ

　あとは開けた穴を「ビニルテープ」で塞げば、また使えるようになります。

　吸い込むと先端の弁が開いてスイッチが入る仕組みなので、きっちり塞ぐ必要があります。

再利用できるようになった「使い捨て電子タバコ」

＊

　「使い捨て電子タバコ」を使い捨てない形に改造できました。

　要は、バッテリは充電すれば何回でも (300サイクル程度) 使えるということです。

　先端から息を吹き込むと、吸口から煙(水蒸気)がモクモクと出てきます。

　「煙の素」も減っているはずなので、枯れる前に追加しようと思っています。

煙を吹き出す「使い捨て電子タバコ」
改造しても正常に動作していることが分かる。

第11章

「リポ電池」を充電する方法

使い捨ての「電子タバコ」に入っている電池は、「08570」という280mAh程度の「Li-po電池」（リチウムイオンポリマー二次電池）です。

煙（水蒸気）を吸うという機能は使い捨てでも、バッテリは充電すれば使えるはず。

Alibabaで同種の電池の仕様を見たら、400-500サイクル充放電できるようです。

11-1　「アダプタ」を作る

汎用の充電器で充電できるように、単3電池型の「アダプタ」を作ることにしました。

充電電流は「280mAh」に対しては大きめだと思いますが、まずは試してみます。

材料は「ABSのパイプ」「ABS板」「銅たいこ鋲」「銅釘」など。

単3電池型アダプタの材料

「Φ14パイプ」（ダイソーのタオル掛けを切断したもの）に、成形品の板（t2＝厚さ約2mm）を接着して両頭グラインダーで荒削り。

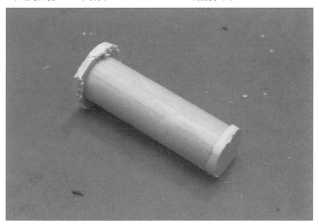

パイプの両端に板を接着

周りを空研ぎペーパーで整え、電池形の円柱が出来ました。

表面を削って滑らかにする

長さは47.7mm。だいたいで大丈夫です。
このあと⊕極にΦ5（＝直径5mm）のパイプを接着します。

長さはだいたいでOK

　両端と中心に穴を開けて、外側から銅の針金を通します。
　そして、「5.5×2.1DCジャック」の極性（白線がセンター⊕）を確認してから
銅線にハンダ付け。

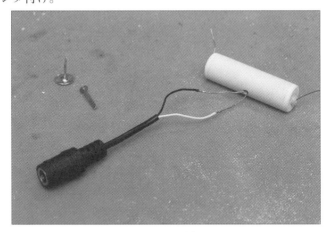

ジャックのコードと銅の針金をハンダ付け

　銅線を引っ張って通し、「銅釘」「銅鋲」に付け替えます。

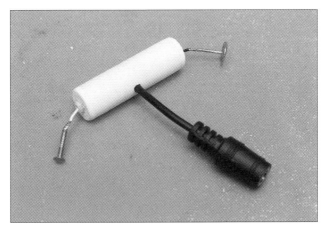

銅線を外して「銅釘」と「銅鋲」をハンダ付け

「銅釘」と「銅鋲」を"グシッ"と押し込んだら、完成です。

「銅釘」と「銅鋲」をパイプの中に押し込む

11-2 充電する

汎用の充電器(**ThruNite-MCC-4S**)にアダプタをセットします。

この充電器はセットされた電池が「Ni-mh1.2V」か「Li-ion3.7V」かを判断し、自動的に充電電圧と電流を調節してくれます。

接点はバネでスライドするので、アダプタのサイズはだいたいで大丈夫です。

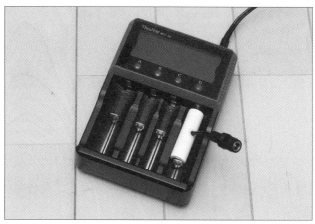

汎用充電器「ThruNite-MCC-4S」

「08570」は3.7Vなので、「Li-ion」として認識、充電してくれるはず。

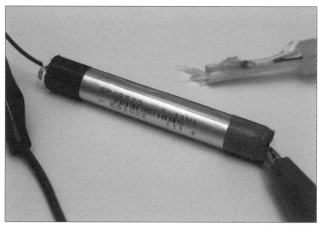

「電子タバコ」に使われている電池の「08570」

＊

「自作ミノムシ・ジャック」で接点につなぎます。

この時点で電圧を測ったら、「2.1V」でした。

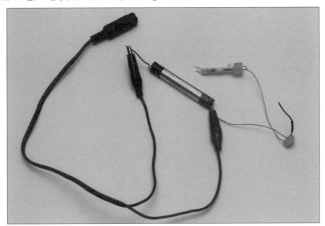

自作の「ミノムシ・ジャック」で電池を接続

電池を「練りゴム」でフライパンに固定し、コードでつないだらすぐに充電が始まりました。

充電に成功

　この自作アダプタを使う理由は、バッテリが火を吹いても大丈夫なようにです。

　"パンパン！プシュー！"となっても、これなら安全。

バッテリが火を吹いても、フライパンとバケツで挟めば被害を抑えられる

＊

最初の段階は500mA前後で充電します。

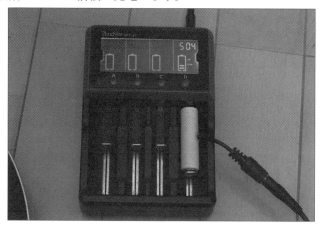

500mA前後で充電

約50分で充電が完了しました(満充電直前で、電圧4.17V、電流136mA)。

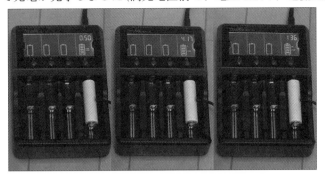

充電完了(左から、充電時間、電圧、電流)

11-3　各種リポ電池の充電にも

汎用充電器でリポバッテリを充電できました。

筒型の電池なら、直接充電器に挟んで充電することもできますが、コレを使えば充電中に火を吹いても安全です。

完成した単3電池型アダプタ

充電器が焼ける心配もありません。また、角型の電池も充電できます。

＊

充電中、バッテリが熱くならないか10分おきにチェックしましたが、まったく熱くなることはありませんでした。

コレを使って、各種リポ電池を充電できそうです。

第5部

「100均アイテム」の改造

第5部で改造するのは「100均アイテム」です。
「USBライター」を「カイロ用点火器」にしたり、「USB扇風機」を
「バッテリ式」にするなど、製品の使い方が大きく変わるような改造
を施します。

カイロ用点火器

充電式USBFAN

第12章

「USBライター」を「カイロ用点火器」に

4年前に買った、ほとんど使っていないダイソーの「200円USBライター」があるのですが、コレを改造して活用したい。

…ということで、まずは分解して中身を見ます。

まだ売ってるのかは知りません。いい商品なんですが、使い道がない。

12-1　USBライター

　「200円」でよく出来ているのですが、電熱線の周りに壁があるので、「タバコ」や「線香」などの細いものを穴に差し込んで火をつける以外の使い道がありません。

ダイソーの「USBライター」

　周りの壁がなければ、いろんなものに火を点けられるのですが……。

12-2 分解

充電用の「MicroUSB」側のネジを抜けば、分解できます。

アルミの筒に「成形品のケース」と「スライドつまみ」「基板ASSY」が入っています。

基板の片面には「電熱線」と「耐熱樹脂のお皿」「スイッチ」「引きバネ」が付いています。

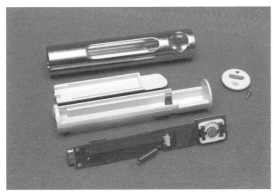

分解した「USBライター」

基板の反対側には、「MicroUSBポート」「バッテリ」「IC」「チップコンデンサ」。
バッテリは、直径7mmで長さ30mmの「07300 li-ion」です。
ICは「089C　CGDROM 1」と読めます。

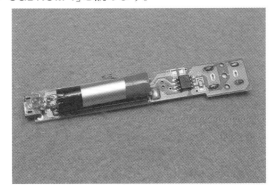

左から、「MicroUSBポート」「バッテリ」「IC」「チップコンデンサ」

電熱線のところの電圧をテスターで測ってみると、「3.6V」がきていました。

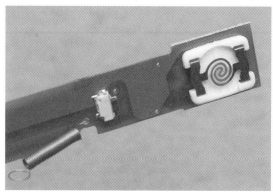

電熱線の電圧は「3.6V」

12-3 点火器へ改造

　今回は、赤熱した電熱線を狭いところに差し込めるように改造したいと思います。

　具体的には、カイロの火口に点火できるようにします。

「ZIPPOハンディウォーマー」に点火することを目指す

まずは、ハンダを溶かして「電熱線」を外します。

「電熱線」を外す

打ち抜きの「電熱線」はヤワなので、引き千切らないように注意。

別バージョン用(?)の横向きの穴を残して、ミニルータで細くカットします。
「4.3mm」まで削りました。

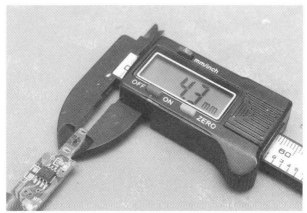

基板を細く切る

電熱線は横穴に差し込めるように、ニッパーで細く切ります。

コードをハンダ付けする必要があるので、コンデンサのそばのレジストを削ります。

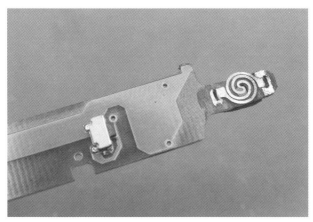

「電熱線」の幅も調節

「電熱線」を折り曲げて穴に入れて、ハンダ付け。耐熱樹脂のお皿は使いませんでした。

「電熱線」をハンダ付け

先端に電気を通すために、コードをハンダ付けします。
コードは基板から浮かせる形にしました。
後から思うと、シリコンの耐熱コードにすればよかったです。

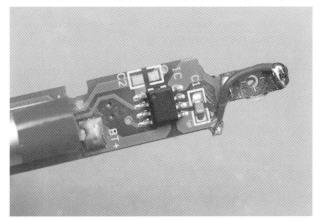

コードは基板から浮かせる

＊

ここで一度、動作チェック。OKです！

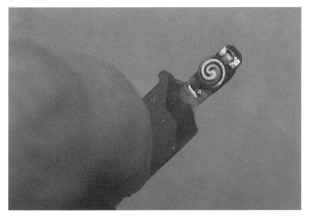

正常に点灯した

12-4   ケースの加工

　アルミケースを丸孔の端の辺りでカットして、内側の樹脂ケースも同様にカットします。

ケースをカットする

　樹脂ケースは、アルミケースを通して長さを確認してからカットします。

　樹脂ケースの切ったところに、切れ端の円い部分を半分に切ったものを接着。これがないと、組み立ててネジを締めても、引っ張ったら抜けてしまいます。

抜け防止のパーツを接着

ケースに基板を乗せたら、抜けないように樹脂で固めます。

こういうものは「3Dペン」を使ってABSを溶かして固めるのがお勧めです。

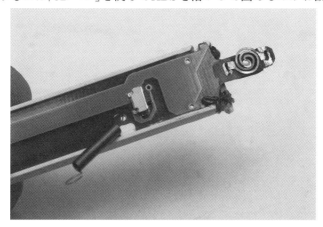

ケースと基板を接着

12-5 完成

今まで邪魔していた周りの壁がなくなったので、狭いところへの点火もできるようになりました。

つまみをスライドさせると、真っ赤になった「電熱線」がムキ出しで現われます。

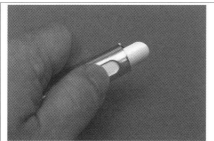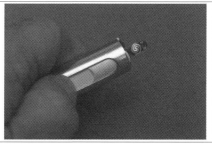

つまみをスライドさせると「電熱線」が露出

裏側はこんな感じです。

一応、「スライドつまみ」がガードしているので、壊れにくくなってます。

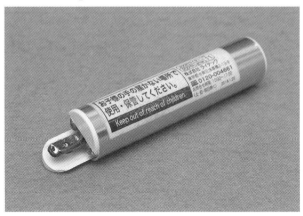

裏側から見た「USBライター[改]」

12-6 使用方法

「ハクキンカイロ」や「ZIPPOハンディウォーマー」の点火用として手軽に使えます。

火口の触媒に「電熱線」が直接当たる構造です。

火口に直接点火

また、ニクロム線が切れた「黄金カイロ」にも使えます。

「黄金カイロ」にも使える

「ナショナル黄金カイロ」の場合、差し込む隙間が「5×5.5mm」しかないので、少し斜めにして、対角に差し込むと、いい感じです。

＊

以前、電熱式点火器を作りましたが、「USBライター [改]」のほうが携帯に便利だと思います。

第13章

COB炎改 / 調光調色ランタン

「ダイソー」で330円の「COB炎/白切替伸縮ランタン」
を、「調光調色ランタン」に改造しました。

全灯～薄暗の「明暗」、2000K～5000K程度の「調色」
ができる「伸縮ランタン」です。

13-1　　　　　　　　COB炎

　「ホヤ」(灯火部分の覆い)を引き上げると炎のように"ゆらゆら"光る、ラン
タンです。

　もう一度引き上げると、「白い光」に変わります。

　「炎」は嘘っぽいですが、この"サイズ感"はなかなか気に入っています。

ダイソーの「COB炎/白切替伸縮ランタン」

　330円の商品ですが、「SMD」が52個も付いているのは、お得かもしれません。
　図下部に見えるICで、「アンバー（橙）色SMD」を"ゆらゆら"と炎のように
点滅させています。

基板の根本にあるICで灯りを制御している

13-2　全灯に改造

　まずは、この「フレキ基板」からICを取り外して、「白SMD」と「橙SMD」が
全部点く状態を目指します。

*

　裏から見てICの配線がどうなっているのかを確認します。

裏から見たフレキ基板（写真は左右反転している）

「ハンダごて」と「吸い取り器」を使って、ICを取り外しました。

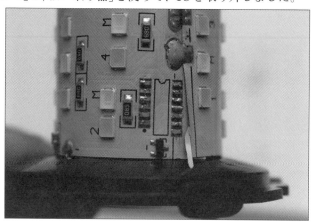

ICを取り外した様子

「橙SMD」のマイナス側（カソード側）につながっている「ICの足」を「銅線」でつなぎます。

左は上から1、2、3番目までを、右は下から3番目以外全部をつなぎます。

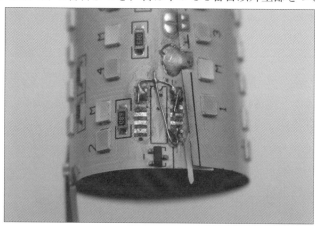

「橙SMD」のマイナス側を配線していく

　「白SMD」のマイナス側のどこかをカッターで削って、コードをハンダ付け（図中のいちばん左のコード）。

「白SMD」のマイナス側を配線していく

＊

動作確認です。

「橙SMD」は暗めですが、すべてが点灯しました。

「橙SMD」は全灯

「白SMD」もOKです。

「白SMD」も全灯

13-3　「CCTリモコン」の組み込み

　調光・調色のための仕組みとして、市販の「CCT-LEDコントローラ」を組み込みます。

　AliExpressでいろいろと買いました。

　コントローラとしては**図の左から2番目**のものが使いやすいです。

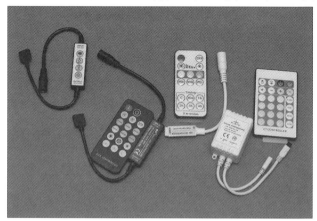

左から2番目のコントローラが使いやすい

…ですが、結局、2個余っているこのリモコンを使うことにしました。
　基板部分が小さいので、組み込むのが楽だと思います。

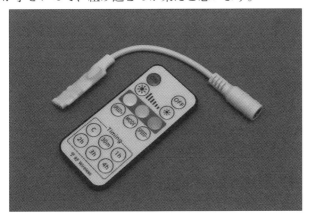

今回組み込むリモコン

＊

カッターで小さく切って、コネクタ部分の樹脂も除去しました。
コレを筒の内側へ収めます。

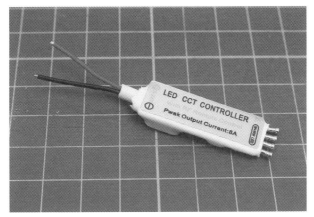

筒に入れるために加工したリモコン（受信部）

4pinの配線は、1は「+4.5V（赤線）」、2は「白SMD ⊖（黒線）」、3は空き、4は「橙SMD ⊖（白線）」です。

4pinの配線
奥から順に、4（白線）、3（空き）、2（黒線）、1（赤線）

電池ボックスを元通りにハンダ付けすれば、完成です。

電池ボックスをハンダ付け

13-4 完成

　リモコンのボタンで操作します。

　次図は、左上から順に、「白のいちばん明るい状態」「橙のいちばん明るい状態」「白のいちばん暗い状態」「橙のいちばん暗い状態」の写真です。

完成した「COB炎改/調光調色ランタン」

＊

　市販のLEDコントローラを組み込めば、調光・調色は簡単です。

　ただし、思ったほど自由に色が作れない感じです。

　別の多色が作れるリモコンでも試してみたのですが、あまり混色の効果が感じられなかったので、この単純なリモコンを使うことにしました。

　調光についてはバッチリですが、調色はおよそ「2000K / 4500K / 5000K」の3通りを選ぶ感じです。

　また、中間色がちょっと上のほうに寄っているのが残念です（満足度：80）。

第14章

「300円LED電球」のDC12V化

ダイソーの「300円LED電球」のDC12V化改造です。

実は、今回で2個目です。

1個目を作ったのは4年前で、ほぼ毎日使っているの

ですが、壊れる気配がありません。

14-1   分解

使うLED電球はダイソーで300円の「40W形」です。

すっきりした光色で、根元まで明るいのが気に入っています。

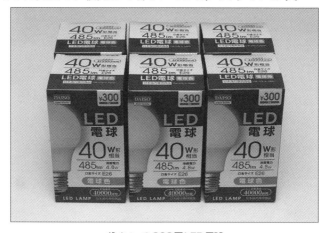

ダイソーの300円LED電球

この「40W形電球」は「12V化改造」がしやすいという特徴があります。

分解すると、「SMD」が8個直列につながっています。

「Vf」(順電圧)が1個「6V」なので、「2S4P」にすれば12V用になります。

300円LED電球の「SMD」

　分解するときに、たいていはグローブが切れてしまいますが、きれいに取り外しできれば、ラッキーです。

14-2　　　　　加工

　ミニルータでパターンを切って、8本のコードをハンダ付けします。
　ハンダ付けするところもミニルータで銅箔を露出させて、フラックスで付けます。

コードをハンダ付け

裏側は何もありません。

裏側

口金部分には基板が入っています。
手前から部品をニッパーで除去していきます。

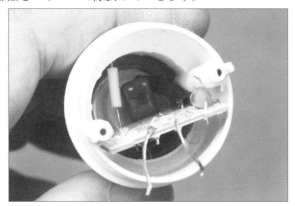

口金の中

　最後に、口金につながった「白いコード」と「黒いチューブ」をニッパーで切り、基板を取り外します。

　中心部は「ヒューズ」が付いているので、コレも外し、コードをハンダ付けします。

コードには「耐熱シリコンワイヤ」を使いました。

また、ハンダ付け部は「熱収縮チューブ」でカバーしました。

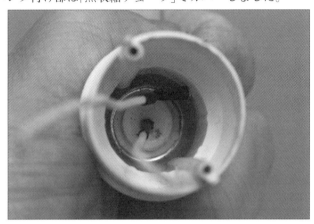

コードをハンダ付け

14-3 抵抗基板

「SMD」の手前に付ける基板を作ります。

「LEDドライバ」を付けるので、この制限抵抗はなくても良いのかもしれませんが、以前作ったものがコレを付けて長期間使えているので、同じ仕様でいきます。

抵抗は、前と同じく「18 Ω」にします。

*

パターンを印刷し、「スプレーのり」で「生基板」に貼り付けて、「キリ」でポンチします。

カッターで切ってから、孔をあけ、Pカッターで銅箔を削り取れば、基板の完成です。

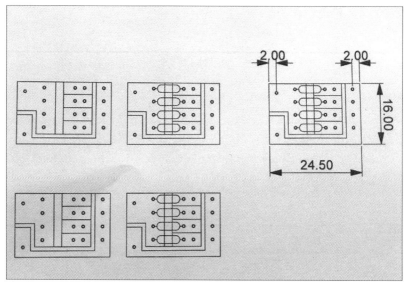

抵抗基板のパターン

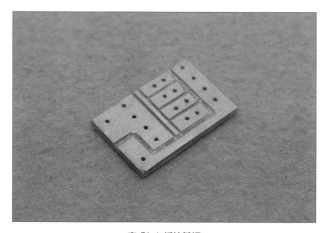

完成した抵抗基板

＊

「LED基板」と「抵抗基板」がつながりました。

「LED基板」と「抵抗基板」を接続

裏側はこんな感じです。

基板の裏側

14-4 LED ドライバ

「抵抗基板」の手前に300mAの「LEDドライバ」をつなぎます。

今までいろいろな「12V用ドライバ」を試しましたが、コレがいちばんです。

LEDドライバ(表裏)

「ブリッジダイオード」付きで入力に極性はありません。
1個200円ぐらいです。

*

あとは、「カプトンテープ」で絶縁して、ハウジング内に収めれば、完成です。

機構部は出来上がり

14-5　　　点灯チェック

ソーラーで作った「DC13.7V」を加えます。
結果はOKです。

正常に点灯した

あとはグローブを被せて、完成です。

DC12V化改造が完了

＊

明るく、色が良く、チラツキがないのがこのLED電球の良いところです。
少なくとも5年程度は使えると思います(満足度：95)。

第 15 章

600円で作る「充電式USB FAN」

ダイソーで300円の「USB FAN」を買ったのですが、USBケーブルを挿して動かしても大して面白くないな…ということで、「充電式扇風機」を目指して改造しました。

15-1 構想

　この扇風機は、風の向きを自由に決められますし、スライドスイッチで「HI/LO」の2段階切り替えができるのも、使いやすいです。

　コレをコードレスにすれば、さらに使いやすいのは間違いなしです。

ダイソーの「USB FAN」(パッケージ)

ダイソーの「USB FAN」（本体）

中はスカスカです。「18650」が収まればいいのですが…。

「USB FAN」の中身

　以前に買った、ダイソーの「300円モバイルバッテリ」が収まれば、改造も簡単です。

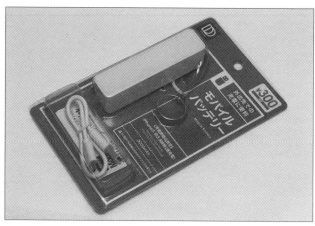

ダイソーの「300円モバイルバッテリ」

「モバイルバッテリ」から中身を取り出します。

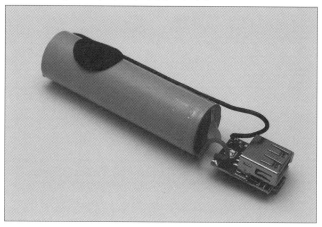

モバイルバッテリの中身

入りました。これはいけそうです。

空きスペースにちょうど収まった

15-2 改造

まずは、「モバイルバッテリ」から「USBコネクタ」を外し（ミニルータで切りました）、両脇の「USB5V」の出力にリード線をハンダ付けします。

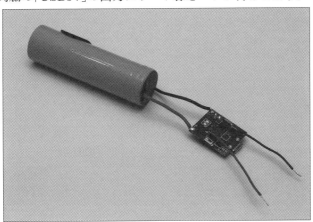

リード線をハンダ付け

「プラス」と「マイナス」が触れないように、一時的にビニルテープで絶縁しておいたほうが安全です。

　内側から基板を押し当てて、位置を確認し、穴をあけて、ヤスリで仕上げます。

「MicroUSB」の穴をあける

　もともと付いていたUSBケーブルを外して、線をハンダ付けします。ここで一度、動作確認。結果はOKです。

動作確認

　プラ板 (CDのケース) を切って接着し、基板を合わせて、「グルーガン」で固定します。

MicroUSBを固定

　あとはスイッチ基板をネジ止めするだけです。

スイッチ基板をネジ止め

写真ではファンは止まって見えますが、しっかり回っています。

もう一度、動作確認

ケースを組み付けて完成！　どこでも使えて便利です。

完成した「充電式扇風機」

15-3   注意点

　この「USB FAN」はお買い得感はないものの、充電式に改造して使ってみるとなかなか良いです。

　使いやすさで言うと、旧型よりもこっちのほうが断然上ですね。

＊

　ダイソーの「モバイルバッテリ」を組み込む場合、「MicroUSB」の「穴あけ」と、「USBコネクタ」の取り外しが、難しい部分だと思います。

　と言っても、この改造に掛かった時間は2時間程度です。

　仕組み的には、「300円モバイルバッテリ」からの「5V出力」を、USB接続からリード線直結に変更するだけなので、そう危なくもないと思います。

　ただ、最新の「300円モバイルバッテリ」は「18650」がタブで溶接されていないらしいので、使うなら旧型のほうが安全です。

＊

　わりと簡単にコードレス化できるので、興味のある方は試してみてください。
（ただし、電池のショートに注意して、自己責任で）

索 引

■著者略歴

本水　裕次郎（もとみず・ゆうじろう）

1965年京都府生まれ。武蔵野美術大学工芸工業デザイン学科卒。
大手メーカーで工業デザイナーとして勤務後、'02年からフリーランス。
中古で買った家をDIYでリフォームしたのをきっかけに、'09年から自作系ブログ「自作☆改造☆修理の館」を開始。

'11年 Make Tokyo Meeting 07、'12年 Maker Faire Tokyo 2012出展。
電子工作歴45年、CAD歴35年、3Dプリンター歴7年。

ほしいモノが売ってなかったら「改造ネタ」に、愛用のモノが壊れたら「修理ネタ」に。
三度の飯よりも、「モノいじり」が大好きです。

本書の内容に関するご質問は、
① 返信用の切手を同封した手紙
② 往復はがき
③ FAX (03) 5269-6031
　（返信先のFAX番号を明記してください）
④ E-mail　editors@kohgakusha.co.jp
のいずれかで、工学社編集部あてにお願いします。
なお、電話によるお問い合わせはご遠慮ください。

サポートページは下記にあります。

［工学社サイト］
http://www.kohgakusha.co.jp/

I/O BOOKS

「電化製品」をリノベーション！　**日用家電大改造**

2023年3月25日　初版発行　©2023

著　者　本水　裕次郎
発行人　星　正明
発行所　株式会社**工学社**
〒160-0004 東京都新宿区四谷 4-28-20 2F
電話　　（03）5269-2041（代）［営業］
　　　　（03）5269-6041（代）［編集］
振替口座　00150-6-22510

※定価はカバーに表示してあります。

印刷：(株)エーヴィスシステムズ　　　　　ISBN978-4-7775-2244-6